SHUIZHONG
SHENGYAN

水中盛宴

本书编委会 编

新疆科学技术出版社

图书在版编目（CIP）数据

水中盛宴 / 本书编委会编 . ——乌鲁木齐：新疆科学
技术出版社，2022.5（知味新疆）

ISBN 978-7-5466-5198-9

Ⅰ . ①水… Ⅱ . ①本… Ⅲ . ①饮食—文化—新疆—普及
读物 Ⅳ . ① TS971.202.45-49

中国版本图书馆 CIP 数据核字 (2022) 第 117283 号

选题策划	唐 辉 张 莉
项目统筹	李 雯 白国玲
责任编辑	刘晓芳
责任校对	牛 兵
技术编辑	王 玺
设 计	赵雷勇 陈 上 邓伟民 杨筱童
制作加工	欧 东 谢佳文

出版发行	新疆科学技术出版社
地 址	乌鲁木齐市延安路 255 号
邮 编	830049
电 话	(0991) 2870049 2888243 2866319 (Fax)
经 销	新疆新华书店发行有限责任公司
制 版	乌鲁木齐形加意图文设计有限公司
印 刷	北京雅昌艺术印刷有限公司
开 本	787 毫米 ×1092 毫米 1 / 16
印 张	5.75
字 数	92 千字
版 次	2022 年 8 月第 1 版
印 次	2022 年 8 月第 1 次印刷
定 价	39.80 元

丛书编辑出版委员会

顾　　问　　石永强　韩子勇

主　　任　　李翠玲

副主任（执行）　　唐　辉　孙　刚

编　　委　　张　莉　郑金标　梅志俊　芦彬彬　董　刚

　　　　　　刘雪明　李敬阳　李卫疆　郭宗进　周泰瑢

　　　　　　孙小勇

作品指导　　鞠　利

出品单位

新疆人民出版社（新疆少数民族出版基地）

新疆科学技术出版社

新疆雅辞文化发展有限公司

目　录

新疆，地处亚欧大陆腹地，是离海洋最远的地方。

冰冷的雪水，
蕴养出品种丰富、品质非同寻常的
水中生物。

大自然的慷慨赐物，
造就了新疆人与众不同的水中盛宴。

水中之鲩

草鱼

它，作为中国四大家鱼之一，于静水之域悠然而长，灵动天然。当火炙找到了它最佳美味的温度时，清甜的肉脂中沁着原野的芬芳，足以让人彻底沦陷在那口口细腻的香醇中。

在距离乌伦古湖数千里之遥的博斯腾湖，程永正正在船上准备午餐。

他们的船队捕鱼作业进行了一半，是时候做一顿美食补充体力了。

将刚刚打捞上来的大草鱼切成大块，直接放入已经炒制好的香辣调料中炖煮。鱼肉在调料中翻滚，色泽诱人，香气四溢。

炖好的鱼，连肉带汤扣在米饭上，便是这些壮实汉子的午餐。

程永正今天给妻子李英带了条大草鱼。

家里的厨房是李英大显身手的地方。热油，葱、姜、蒜煸出香味，鱼块下锅翻炒，加水焖煮。铁锅四周贴上揉好的面饼，面饼的香味混合着鲜香的鱼肉味扑鼻而来，一道锅贴草鱼便做好上桌。

夜色渐浓，一桌可口的美食，就是给家人最温暖的慰藉。

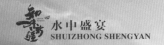

博斯腾湖在新疆天山南麓广袤的土地上，它地处美丽的
新疆巴音郭楞蒙古自治州博湖县境内，是中国最大的内
陆淡水湖。博斯腾湖常年受阳光照耀，蒸发量大，干燥
少雨，主要补给水源是开都河，同时又是孔雀河的源头。
它与雪山湖光、绿洲沙漠、奇禽异兽同生共荣，组成了
丰富多彩的风景画卷。

浩瀚悠远的湖面以及千姿百态的奇观，致使每个朝代都
给予其不同的称谓。据《博湖县志》中记载，张骞出使
西域时，给汉武帝的奏议中称博斯腾湖为"秦海"。《水
经注》中将其称为"西海"。唐代称为"鱼海"，明代则
又称为"焉耆海"，到了清朝中期，正式定名为博斯腾湖。
博斯腾湖在清朝时为蒙古族的游牧地，湖东部有三道海

"博湖为何明如镜，那是英雄的心；天鹅为何白如雪，那是象征着纯洁的爱情……"

心山站立于湖中，当地人称它为博斯腾淖尔，一说意为"天海、大海"。

关于博斯腾湖，还有一个动人的传说。相传很久很久以前，这里没有湖泊，只是一片风景优美、水草丰盛的大草原，草原上的牧民安居乐业。有一对年轻的恋人，小伙子名叫博斯腾，姑娘叫尕亚，他们深深地相爱着。不知何时，天上的雨神发现了美丽的尕亚，要抢她为妻，尕亚誓死不从。雨神大怒，连年滴水不降，致使草原大旱。勇敢的博斯腾与雨神大战了九九八十一天，终于使雨神屈服，但博斯腾却因过度疲惫而死。尕亚痛不欲生，眼泪化作大片湖水，最后也随之而去。当地的牧民为了纪念他们，将该湖命名为"博斯腾湖"。至今，在博斯腾湖畔还传颂着这样一首民谣："博湖为何明如镜，那是英雄的心；天鹅为何白如雪，那是象征着纯洁的爱情……"

这首民谣流传于博斯腾湖周边的蒙古族，他们是东归英雄渥巴锡的后代。从一出生，他们就依偎在博斯腾湖的怀抱里，呼吸着纯净的空气。在他们眼中，一草一木、一山一石、一水一鱼都让人敬畏。所以，这里的人们在每年的 5 月或 6 月，都要自发组织传统的"祭湖"活动，提醒人们要爱护博斯腾湖、尊重博斯腾湖，感恩这片养育他们的水和土地。在活动中，人们穿着节日盛装，带着奶制品、水果、糖果、美酒等聚集在湖畔，敬献哈达，并用歌舞和祈愿词祈求风调雨顺、五谷丰登、牛羊肥壮。

博斯腾湖也赋予这里的人们最优良的水域环境和最丰富的鱼类资源。博斯腾湖水质清澈洁净，沿湖四周没有任何污染源，湖中浮游动植物更是多达百余种。优良的水质和丰富的饵料，为草鱼、鲢鱼、鲈鱼、鲤鱼等 25 种鱼类的繁衍生息提供了优越的自然资源环境。

鱼，是人类最早猎食的对象之一，也是人类赖以生存的食物之一。早在商代殷墟出土文物的甲骨文中，就有"鱼"形文字的出现，从形体上可看出有鱼眼、鱼身、鱼鳍、鱼鳞和鱼尾，线条虽简，但样样俱全。正是有了这些形象，人们就很容易理解"鱼"字了。在长期的历史发展中，鱼一直与人类密切相关，从食用到崇拜，古人赋予了鱼丰厚的文化蕴涵，并因此形成了一个独特的文化——鱼文化。

甲骨文"鱼"

"鱼水千年合"，在古代，人们经常用鱼代表爱情，因为鱼与水难以分开。人们也经常用鱼传递信息，用绢帛写信装在鱼腹中，称为"鱼素"。人们还经常用鱼代表凭证，用木雕或铜铸成鱼的形状，刻字其上，此为"鱼符"或"鱼契"。三国、南宋时的"鱼灯"，佛寺诵经时击打的"鱼鼓"（又叫木鱼），都给鱼附上了一层神秘色彩。

鱼在中国传统文化中更是富庶、繁荣的象征，"连年有余"的吉祥图案，寓意生活美好；结婚用品上的"双鱼吉庆"，寓意婚后幸福美满。把鱼看成是"活"的象征，取

"聪明灵活"之意；鱼繁殖率高，有"多子多福"之意；2008年北京奥运会的吉祥物——五福娃之首，以鲤鱼为原型的"福娃贝贝"象征繁荣富足。可见从古至今，人们对鱼的喜爱依然绵延不息，它承载着人们的美好向往，成为中华文化的一部分。

我国也是世界上池塘养鱼最早的国家，自殷商时代就开始在池塘中养鱼了。春秋末年范蠡的《养鱼经》问世，它是世界上第一部养鱼专著，为世界所公认。孟子曾说"鱼，我所欲也；熊掌，亦我所欲也。二者不可得兼。"可见人们把鱼和熊掌并列为珍品。东汉时期人们开始施行稻田养鱼，唐代时则开始养殖草鱼、青鱼、鲢鱼、鳙鱼"四大家鱼"。此后，上至王公贵族，下至平民百姓更将鱼奉为上品。

近代人赞鱼美味的谚语也不少，如"飞禽强于走兽，鱼鳖可比山珍。"逢年过节、喜庆筵席及亲朋好友团聚时，总少不了一道鱼肴，透着喜庆，传达祝福。

草鱼作为中国四大家鱼之一，自然也是家宴中的"常驻嘉宾"。草鱼，就像它的名字一样，以食草为主。又名鲩、油鲩、草鲩、鲩鱼、白鲩等，体型匀称较长，腹部无棱，背鳍无硬刺。草鱼食量较大、性情活泼、游速较快、生长迅速，常成群觅食，最重个体可超过 40 千克，拥有极强的适应能力和生命力，是博斯腾湖主要的食用鱼类之一。

博斯腾湖草鱼是没有任何污染的绿色有机鱼。在鱼苗入湖后，不投放任何人工饲料，完全遵循"人放天养"的原则，自然生长时间不低于 3 年。纯野生的生活环境和清澈宽广的湖水，造就了博斯腾湖草鱼优越的品质特征和野生鱼的"野性"与"野味"。

烤草鱼是博斯腾湖的一大特色，香喷喷的烤鱼辣而不火、油而不腻、鲜美细嫩，令人回味无穷。每年夏季，来到这里的游客都会坐在沙滩的凉亭下，吹着清爽的微风，一边欣赏着成群的鸟儿在湖面上自由飞翔，一边品尝着焦黄碳香的烤鱼，惬意享受。

区别于炙烤的浓香，清蒸博斯腾湖大草鱼则是当地一道营养丰富且味道鲜美的家常菜。"地鲜莫过于笋，河鲜莫过于鱼。"清蒸之所以普及，皆因蒸出的是最原始的味道，

香喷喷的烤鱼辣而不火、油而不腻、鲜美细嫩，令人回味无穷。

它保留了博斯腾湖草鱼原有的蛋白质、纤维素等营养成分，而且肉质滑嫩可口，既健康又易消化。

红烧博斯腾草鱼的做法虽然有点儿复杂，但吃起来却让人唇齿留香。一层淡红色的鲜辣汤汁儿，把一片片白色的鱼肉衬得分外诱人。浓郁扑鼻的香味和外焦里嫩的鱼肉搭配起来，不停地刺激着人们的味蕾，夹一片放进嘴里，咸、甜、辣、嫩，妙不可言。

博湖西游鱼，这道菜的名字源于《西游记》这部经典的影视作品，因为剧中的通天河、西海龙宫等场景就是在博斯腾湖拍摄的。这道菜采用的就是博斯腾湖野生草鱼再搭配当地盛产的青椒、西红柿，用慢火炖煮而成。营养价值极高，味道极其鲜美，深受各地食客的喜爱。

当然，草鱼的每一种美味皆离不开这片无污染的水域。人们在烹饪草鱼时就地舀取博斯腾湖湖水，再配以当地盛产的有机蔬菜，经过蒸、煮、炒、焖等十八般独特厨艺，做成冷、热、生、熟俱备，软、嫩、酥、脆俱全，香、甜、麻、辣俱佳的丰盛鱼宴，让人们充分回味其中，体验这"鱼水之皖"的美妙滋味。

娇贵美人

高白鲑

它，被誉为『冷水鱼皇后』。通体白皙修长，肉质丰满厚嫩，水润如玉脂，鲜嫩如豆腐。入喉的瞬间，毫无纤维牵绊，只留下淡淡的鲜甜，回味无穷。

六月末，赛里木湖的水依旧清冷。

湖面育苗中心的工作人员会在这个时间段投放高白鲑的鱼苗。

在这片湖域里，每年要投放 1000 万尾左右的鱼苗。

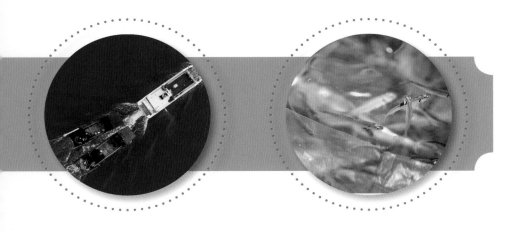

高白鲑是一种高耗氧冷水性鱼类，生活在高纬度的冷水河流和湖泊中，以水中的浮游生物为食。高白鲑长得很慢，从鱼苗长到 1 千克左右的大鱼，大约需要 3 年时间。

清晨五点，天刚蒙蒙亮，捕鱼的船队已经启程，他们要赶到特定的湖区，执行捕鱼任务。

湖水映射晨光，鱼网在水下张开。

可以预见的丰收，让他们心情愉悦。

当阳光铺满湖面时，船队已满载而归。

来自广东的厨师阿标，正在码头上等待船队的返航。

高白鲑俗称"一网香"，入网后，在求生本能的刺激下，身体会激发出脂肪特有的香味，因此口感鲜嫩细腻，是一种高品质的水鲜食材，也是厨师们的最爱。

但想要保证食材的鲜美，并不容易。

高白鲑出水即死，阿标和助手赶来码头，就是为了能及时对选中的食材做冰鲜处理。

新鲜的高白鲑，不需要调料的过多参与，只需用最简单的方式烹饪，就能获得最佳风味。

阿标的拿手绝活——水浸高白鲑，是一道地道的广东风味美食。

将高白鲑除去大刺、切口，撒盐腌制 5 分钟。洗净后浸入 50 ℃的热水中，间隔性加温，使水热而不沸。盛盘时放姜葱，淋热油，一道嫩滑可口的水浸高白鲑便制作完成。

这种做法，能很好地保证高白鲑的原生风味。

只需用最简单的方式烹饪，就能获得最佳风味。

水浸高白鲑很快便赢得了食客们的口碑。

随着新疆人对美味永无止境的追求，更多高白鲑的吃法
也相继登场。

一道食材，做出了百般花样。

高白鲑不同的做法

生鱼片

辣椒炒鱼

水煮鱼

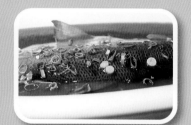

红烧全鱼

剁椒鱼

油炸鱼

她，是一处天湖，高高悬挂在科古琴山上。她，在哈萨克语中意为"祝愿"，在蒙古语中意为"山脊梁上的湖"。她，也是大西洋暖湿气流最后眷顾的地方，被人们称为"大西洋最后一滴眼泪"。她是高山明珠，她有一个好听的名字——赛里木湖。

赛里木湖地处北天山腹地，新疆博尔塔拉蒙古自治州博乐市境内，与伊犁地区的果子沟相连。赛里木湖的湖面海拔约2073米，东西长约30千米，南北宽约25千米，面积约455~460平方千米，蓄水量高达210亿立方米。湖水清澈透底，透明深度可达12米，是我国新疆海拔最高、面积最大的高山湖泊。赛里木湖的周围都是山，清澈透亮的湖水就像一颗钻石般镶嵌在群山之中，晶莹剔透，闪闪发光。

元朝大臣耶律楚材曾赞美赛里木湖："百里镜湖山顶上，
旦暮云烟浮气象。"而赛里木湖的美也远不止于此，由于
地理位置的特殊性，赛里木湖很少被外界打扰，至今仍
保留着她最美的容颜。每逢盛夏，这里湖水如镜、波光
潋滟、朝霞夺目、浪花轻舞……步入寒冬，这里霜雪皆
至、珠帘轻卷、玉叶冰梦、冰雪融织……无论阴天、晴天，
无论冬雪、夏阳，不同光线、不同天色下的赛里木湖都
美得一尘不染。而在这里，也流传着一个美丽动人的神
话传说。

相传，在很久很久以前，这里曾是一片广袤无际的草原。
有一对青年夫妇每日在草原上自由自在地放牧，过着无忧
无虑的生活。一天，美丽的妻子赶着羊群放牧时，不幸与
外出游猎的草原魔王相遇。魔王想将其占为己有，便命令
手下去抢。忠于爱情、热爱自由的妻子策马而逃，如狼似
虎的魔王的手下们紧追不放。路过一个深不见底的水潭时，

妻子咬牙纵身跳了进去。年轻的丈夫闻讯赶来，杀死魔王的手下之后，悲怆地呼唤着妻子的名字，也纵身跳了进去。这时，潭水翻腾怒吼，浊浪滔天，一个大浪打来就把魔王他们吞没了。辽阔的草原从此变成了一片汪洋，那对年轻的夫妇也在波涛汹涌中化作两座形影不离的小岛，至今仍并肩站立在万顷碧波的赛里木湖湖面上。

千百年来，关于赛里木湖的传说还有很多。这些传说，不仅记述了这片山水的美好，也描述了赛里木湖的神奇。赛里木湖形成于7000万年前的喜马拉雅造山运动时期，地质学称为"地堑湖"，湖水透明度为全国之冠。不知道是不是应了那句古话，"水至清则无鱼"，在20世纪60年代以前，这片美丽的高山湖泊是个"不毛之地"，湖中没有任何鱼类生存。当然，这也和湖水的水质有着很大的关系。赛里木湖除了周围一些小河注入外，并无大河注入湖内。湖泊流域内也少有冰川和积雪，湖水主要来源于雨水和地下水补给。因此，赛里木湖的平均水温只有5℃左右，即使在炎热的夏季，也只有15℃。较低的水温和贫瘠的养分不足以支撑鱼类的生长。与其他湖泊相比，赛里木湖"湖中无鱼、湖上无船"，被称为"净海"。

为了开发赛里木湖的鱼类资源，20世纪70、80年代，渔业工作者曾在湖中进行过小范围的养殖试验，但都以失败告终。直至20世纪90年代，从俄罗斯引入100万粒高白鲑的鱼卵，此后，以往"寸草不生"的赛里木湖终于迎来了"金凤凰"——高白鲑。

高白鲑的外形非常漂亮，体重一般在 600~1500 克，较大的体重可达 3000 克。高白鲑体形修长，头部较小，背部呈青灰色，腹部呈银白色，全身亮闪闪的，游动于水间，激滟湖面，增添无尽的美好。

在当地，高白鲑被人们誉为"雪山奇珍"和"冷水鱼皇后"。赛里木湖冬季冰封期长达 5 个月，在这样的环境下，作为冷水鱼中自然放养的珍品，高白鲑总有令人称奇之处，被国际水产界称为世界"奇"鱼。它的"奇"在于：能够在海拔 2100 多米、深达 90 多米的冷水中自由生长；能够常年生活在平均只有 7 ℃的低温水域中，且鱼肉的肉质更加香软细嫩，如同豆腐；它的"奇"还在于，虽然主要摄食湖中天然饵料等生物群落，但鱼肉中的不饱和脂肪酸却是普通鱼类的 3 ~ 4 倍，从而使天然和绿色都成为它最引以为傲的标签。

因为高白鲑所持有的特点，所以，它的捕捞标准也很严格。
生长必须超过 4 年才可以捕捞，因此"天生娇贵"的高
白鲑虽然鲜嫩无比，但也娇嫩无比。它出水即死，鱼鳞
一碰就掉，所以这里的渔民们在捕捞高白鲑之后，一般
会暂养在赛里木湖最原始、最纯净的湖水里，然后轻手
轻脚地拖起渔网。缠绕在渔网上的高白鲑不能硬拽，而
要用剪刀沿着鱼的边缘剪破渔网，最大限度地把对高白
鲑的伤害降到最低。"毁网不毁鱼"，正是当地渔民们彼
此之间的共识。

当然，苛刻的生长环境和娇嫩的特点，也赋予了高白鲑
与其他鱼类不同的营养价值。高白鲑不仅蛋白质、不饱
和脂肪酸以及氨基酸等含量都远高于常见的养殖鱼类，
而且鱼肉中维生素的含量更是丰富。

高白鲑全身都是宝，每一个部位都是一种味觉盛宴。其出肉率高达 72%~79%，且肉质鲜美、细嫩，无骨刺，被人们归为珍肴之列，更是一道久负盛名的野味。高白鲑在吃法上也是多种多样，颇为讲究。刚刚出水的高白鲑足够新鲜，是制作刺身的最好食材。鱼腹、鱼腩搭配着海鲜酱油与芥末调和的蘸料，口感绵密而又不失弹韧。特别是在湖边享用时，湖水湛蓝、湖波飘渺，颇有诗意。

而用分子料理方法烹饪的高白鲑鱼肝，造型独特，口味惊艳，一口咬下，鱼肝细腻，入口即化，十分鲜美。

麻辣高白鲑鱼肚是一道不可多得的美味菜品，入口劲爽，口味香辣，只需一口就停不下来。

不得不佩服的便是烹饪大师们的"脑洞"，他们把鱼鳞也制作成一道独特的美食。酥脆的表皮由土豆制成，内部是炸酥的高白鲑鱼鳞，吃起来酥嫩无比，香气逼人。

高白鲑的鱼子酱也是极受人们追捧的美食之一。一直以来，鱼子酱、松露和鹅肝被欧洲人称为"世界三大珍馐"。鱼子酱中蛋白质和矿物质含量很高，且不含胆固醇。粒大、透明的鱼子酱为上品，具有补身养颜之功效。高白鲑在赛里木湖的高山冷水湖中孕育数载，形成的鱼子个头均匀、颗颗剔透、莹莹耀眼，粒与粒之间毫不粘连。加工成鱼子酱后，入口瞬间轻爆，滑腻清香，细品之余唇齿留香，回味无穷。

对于高白鲑全鱼的做法，人们一直在不停地探索。实际上，如此完美的鱼，如何烹饪已无足轻重，因为怎么做都好吃。清蒸高白鲑，肉质鲜嫩如同豆腐，其口感鲜嫩松滑、咸鲜清淡、醇香四溢。砂锅焗高白鲑，则能最大限度地激发高白鲑的鲜香，鱼皮微焦、肉质紧致，诱人的香气中散发着高白鲑特有的香味。这两种做法做出来的鱼，其共同的特点就是鲜香、耐品。在烹饪过程中不添加任何增鲜的调味品，而是将高白鲑最本色的鲜味完美释放。这种鲜，只有真正品尝后才能感受得到；这种鲜，也是用任何语言都无法形容的。

在新疆，高白鲑最家常的做法莫过于水浸了。此种做法保留了高白鲑最原始的味道，口感细嫩，香而不腻，极为鲜美。

除此之外，还有油炸、红烧等家常吃法。油炸高白鲑是用面粉将鱼包裹后，下入油锅煎炸，外焦里嫩、香气逼人，再搭配辣椒、孜然等香料蘸着吃，真是不可多得的美味。红烧高白鲑出锅后，淋上鱼汤做的汁，再配上青菜，色香味俱佳。

食材和地理环境相辅相成，只有在艳而不俗、美而有度的赛里木湖中才能成就出"冷水鱼皇后"这种美味。所谓"物华天宝"，也许就是这个道理了。一条鱼，有多少种做法，便有多少种口味，其味道并不让人感到乏腻。满当当地摆上一桌，就算是很家常的烹饪，很普通的料理，味道也都会十分惊艳，只因这"娇贵美人"秀色可餐，本身已足够让人垂涎三尺了。

红烧高白鲑出锅后，淋上鱼汤做的汁，再配上青菜，色香味俱佳。

水中霸王

乔尔泰

它，被誉为『鱼中寿星』。虽其貌不扬，却以紧实的肉质、迷人的嚼劲，让人感受到其原汁原味的醇厚甘香，回味良久。

在阿勒泰地区的水域里，盛产一种叫作乔尔泰的冷水鱼，也被称为"狗鱼"。在阿尔泰山雪水的滋养下，这种新疆原生鱼有着鲜嫩的肉质和独特的鲜香。

汪梦之今天便要亲自下厨，做一道自创的狗鱼烧豆腐，招待来自深圳的客人。

汪梦之和丈夫在福海经营着一家鱼馆，她自创的这道家常菜，为鱼馆赢得了不小的名声。

狗鱼肉质紧实不腥，呈蒜瓣状，又称"蒜瓣肉"。将狗鱼剁成大块，用料酒腌制一段时间。将腌好的鱼块放入热油锅里翻炒，加水炖煮开，最后加入豆腐收汁。简单的做法，却能激发出鱼肉的原生之香，普通的豆腐，在与狗鱼融合过后，也拥有了化平常为神奇的力量。

一盘狗鱼烧豆腐上桌，转眼间见底，是对这道美食最大的认可。

狗鱼
烧豆腐

被称为戈壁大海的乌伦古湖，是狗鱼生长的地方。

乌伦古湖是我国十大内陆淡水湖之一，也是新疆著名的渔业生产基地。

九月的乌伦古湖天气渐冷，大风下的湖面波涛汹涌。

来自安徽的老张和妻子，在乌伦古湖捕鱼 8 年了。作为在水上讨生活的人，依天时而动，既是本能也是智慧，他们有足够的耐心等待风停。

大风过后的乌伦古湖静谧安宁。

九月的乌伦古湖天气渐冷，大风下的湖面波涛汹涌。

天蒙蒙亮，老张便带着捕鱼队伍出发了。

两艘船并驾齐驱，他们要经过 3 个小时的航程，才能到达预定位置。

大网在两只船之间无声无息地拉开，剩下的，便是等待。

老张捕的是一种名为池沼公鱼的小鱼，这是乌伦古湖最重要的商品鱼之一，由于其个头小，多用于制作鱼罐头，因此不愁销路，甚至经常供不应求。

已过了晌午，一碗白米饭、几条咸鱼便是他们的工作餐。在短暂的休息后，便要开始收网了。

两条船渐渐靠近，大网被慢慢拉出，网里的鱼胡乱拍打着水面，这是一次不错的收获。但他们并不贪心，除了池沼公鱼，其他的鱼都被放还湖中。只打捞自己职责范围的鱼类，是这片湖面不成文的约定。

在乌伦古湖的另一侧，赵有元和妻子正在配合着将体形硕大的狗鱼和其他大型鱼类收入船舱。他们放生小鱼，只捞取大鱼，这是一种"纳福放生"的观念。

每天日出时分，赵有元便驾船开往固定的下网点，在湖底放下一种叫作"迷魂阵"的地笼。鱼进了地笼，便难以逃脱。

两小时过后，赵有元取出地笼，捞出里面的鱼，等待着满载而归。

两小时过后，赵有元取出地笼，捞出里面的鱼，等待着满载而归。

妻子便张罗起午饭，将刚刚打捞的狗鱼与青椒一起爆炒，便是一道鲜辣可口的下饭菜。

靠山吃山，靠水吃水。

水上人家，有着自己的美食哲学，他们总能用最简单的方式，发掘出不同食材的独特风味。

在茫茫戈壁上，在极度干涸的古尔班通古特沙漠北缘，有一片烟波浩渺的湖水，人们称它是生命的奇迹。它就是——乌伦古湖。

乌伦古湖，又名布伦托海、大海子或福海，位于中国新疆阿勒泰地区福海县境内，蒙古语意为"云雾升起的地方"。从高空俯瞰，乌伦古湖就像是一颗夺目的蓝宝石，镶嵌在绿色原野和金色沙漠之中，因此又被人们誉为"准噶尔明珠"。

乌伦古湖的主要水源为阿尔泰山脉的冰川融水，流经阿尔泰山、乌伦古河，最终汇聚到乌伦古湖。其水面面积达 1035 平方千米，自古以来，便是周边各族人民赖以生存的家园。

庄子曾说：“天地有大美而不言。”意思是天地不言语，它只会独自美丽。这也许就是乌伦古湖给人的第一印象。乌伦古湖湖口两侧，水草丰茂、野鸭成群、天鹅嬉戏、斑鹤起舞、海鸥飞翔，诸多“稀有珍禽在此汇集”。每逢夏秋两季，乌伦古湖风景尤为壮阔俊美，清雅静寂的湖面，既散发着怡人的神韵，又蕴藏着远古的神秘。

乌伦古湖素有"戈壁大海"的美誉，在看似平静的美景下，却生活着一种较为凶猛的大型肉食性淡水鱼类。它体型较大，成年雄性体长最长可达 1 米，雌性可达 1.5 米，个别体重可达几十千克。它凶猛贪食，是疯狂的捕食者，主要以乌伦古湖里的小鱼、小虾为食。虽然和鲶鱼同属于肉食性鱼类，但不同的是，它偶尔还会捕食水面上的野鸭、水鸟、青蛙等生物，捕食对象较为广泛。它，位于乌伦古湖中食物链的最顶端，当地人形象地称它为——乔尔泰（音译为长狗牙的鱼）。

乔尔泰学名白斑狗鱼。世界上共有 8 种狗鱼，主要分布于亚洲、欧洲和北美，在我国主要分布在新疆阿勒泰地区。我国还有一种狗鱼，即东北黑龙江水系的黑斑狗鱼。两者主要从体表斑点来判别。乔尔泰长相凶猛，头尖尾短，身体呈细长型；口像鸭嘴，大而扁平，下颌突出；背侧呈黄褐色，腹部呈白色，体侧有许多淡蓝色斑点或白色斑点；体长可达 1 米以上，嗅觉极其灵敏，行动异常敏捷。喜欢游弋于宽阔的水面，也经常出没于水草丛生的沿岸地带，为的是方便捕猎食物。当它闭着嘴时，一副人畜无害的模样，慵懒地在湖中遨游。可是它一张开嘴，尖锐杂乱的牙齿，惊人的咬合力以及每小时 8 千米的游动速度，使它成为乌伦古湖中的"霸王鱼"。

乔尔泰动作灵敏，捕食本领高超。每当捕食时，它都会用肥厚的尾鳍使劲将水搅浑，然后把自己隐藏起来，一动不动地窥视着游过来的猎物。当猎物到达一定距离时，它会突然发力，将其一口咬住，并迅速吞食。乔尔泰的食量大得惊人，据说每天可以吃下和自己同等重量的食物，难怪有些乔尔泰体重可达 50 千克左右，在淡水鱼里真算得上是一种庞大的物种。也许正是因为它独特的觅食本领，也让乔尔泰与其他鱼类的寿命有着天壤之别。

乔尔泰动作灵敏，捕食本领高超。

理论上讲，鱼在自然界中向来是与"长寿"毫无关联的。不加上人为因素，鱼的寿命最长也就三五年，与其他水生物相比，自然称不上"长寿"，但乔尔泰却打破了这一规律。严格说来，乔尔泰的寿命可以与乌龟抗衡，是所有鱼类中寿命最长的，人们称之为"鱼中寿星"。1794年，俄国人在清理莫斯科近郊的皇后湖时，曾捉到一条乔尔泰。它的鳃盖穿挂着一只金环，上面刻有沙皇鲍利斯·费奥多罗维奇放生的字样。可见这条鱼在湖中生活了至少200年。

长久以来，乔尔泰始终作为人们关注的焦点，在岁月长河的起伏变迁中留下了浓墨重彩的一笔。据清末成书的《新疆图志》记载："额尔齐斯河产鱼似鲟，冬冷冰合，凿冰捕之，每夜得鱼数十百。"还有民国六年（1917年），奉财政部之命来阿勒泰考察经济的谢彬在《新疆游记》中记载："当地鱼类产尤多，有名'青黄'者，骨翅酥碎，食味极佳，俄人最嗜之。"描述的都是乔尔泰。

在乔尔泰漫长的生命中，与其一同成长的还有当地自成
一脉的冬捕文化。在北方，冬季常进行大规模的捕鱼活动，
逐渐形成特色。中国的冬捕文化最早可追溯至 1000 多年
前的辽代。圣宗皇帝耶律隆绪也会在每年冬季专程前往
大湖水域，"卓帐冰上，凿冰取鱼"。由于北方天气寒冷，
冰下的鱼生长缓慢，却也使得鱼肉质地紧密、口感扎实。
冬捕收获后的鱼可直接放在自然环境中，成为容易保存、
容易运输的"冰鲜鱼"，冬捕文化也因此流传久远。

冬捕也是乌伦古湖承载已久的传统的捕鱼方式，如今已成为一年一度的盛大节日。每逢冬季，乌伦古湖银装素裹，壮观豪迈，极具塞北风情的冬捕节都会吸引大量游客和市民参加。首先会由渔民们"祈福"和"醒网"，一来是为了保护万物生灵及当地居民的幸福安康，二来是唤醒冬天沉睡的渔网，祈福人们平安度过下一年。然后在领头人宣读完祭湖词，渔民们纷纷喝下壮行酒之后，冬捕活动正式开始。由于气候寒冷，湖面冰层厚达 50 厘米，积雪也达 30 厘米，在这种环境和条件下开展的捕鱼活动，当地人称其为"踏雪寻鱼"。

锋利的冰钏凿开冰面，传来一声声清脆的声音，加上绞网机的轰鸣声、渔民们欢快的笑声，让乌伦古湖的冬捕现场热闹非凡。长达 2000 米左右的大网被拉出水面，万尾鲜鱼脱冰而跃，鳞光耀眼，极为壮观。冬捕中的"头鱼"通常为第一网打上来的最大的一条鱼，乔尔泰作为乌伦古湖的"霸王鱼"，自然经常拔得头筹，吸引着人们最多的关注。"头鱼"寓意着吉祥和好运，有来年风调雨顺、福气临门的美好祝愿。因此，"头鱼"历来都是游客们争抢的"好彩头"。

纵观古今，鱼的捕捉无非是捕与钓两种方式。

纵观古今，鱼的捕捉无非是捕与钓两种方式。前者多是为了生活，后者则多作为陶冶性情的娱乐，以及满足口腹之欲的雅兴。

每年的 7 ~ 10 月，是乌伦古湖垂钓的黄金季节，尤以 8 ~ 9 月为最佳时节。此时，天气炎热，喜高温的白条鱼、红眼鱼、鳊花鱼等鱼种会集群游至湖岸觅食嬉戏，这也吸引了以它们为食的乔尔泰。这时，乔尔泰咬钩凶猛积极，上钩快且个体大。大的体重多在两三千克，小的也多在六七百克，六七千克的大物更是屡见不鲜。运气加垂钓的技法，足以令钓鱼爱好者感到兴奋刺激，从而吸引了越来越多的游客。

乔尔泰不仅肉质细嫩有弹性，而且鲜香软滑。它虽没有海鱼般甘甜的矿物质味道，但营养价值极为丰富。在一些国家，乔尔泰素有鱼中"软黄金"的称号。儿童食之可促进大脑发育，增强记忆力；孕妇食之可增强抵抗力，补充人体所必需的营养元素；老年人食之则可增强免疫力，延缓衰老。

乔尔泰作为阿勒泰地区人民的传统美食，其吃法多种多样。因乔尔泰鱼刺少，且没有淡水鱼的腥味和土味，渔民们也常拿它来做生鱼片。食用时用盐、香醋和辣椒油蘸着吃，鲜嫩可口。

红烧乔尔泰则是选用鲜嫩的豆腐与鱼肉同烧，味道极为鲜美！新疆人"重口味"的饮食特征，使得人们在做鱼的时候，也喜欢放入葱、姜、蒜和辣椒提味儿。当这些最普通的原料、最家常的做法与最具特色的乔尔泰相遇，成就出了最与众不同的滋味。

乔尔泰
众多
做法

当然，在众多做法中，也少不了新疆人的最爱——剁椒乔尔泰。剁椒看似凶猛，实则只是用来提味的"调味品"，爽滑清甜的鱼头肉伴随着丝丝剁椒的香辣，越吃越上瘾！再加上香喷喷的鲜美之气萦绕鼻端，漫延迂回，令人垂涎欲滴。闻其香，心旷神怡；尝其肉，回味无穷。

风干乔尔泰也是当地渔民世代相传的特色美食，其最早的由来是外出打鱼的渔民有时候打的鱼较少，需要前往更远的湖中继续捕鱼。为了防止鱼肉变质，便将鱼切开，在湖水中冲洗干净，直接挂在船头。等船靠岸时，鱼肉

在众多吃法中，尤以烤鱼最为普及且风味独特。每一次美食体验都是一次味蕾的旅行。

已自然风干了。风干后的乔尔泰外干里嫩，口感劲道美味，简单、随意的料理都能让其美味淋漓尽显。

烤鱼也是最为普及且风味独特的一种吃法。经由松枝慢火熏烤后的乔尔泰，略带一股淡淡的松树香气。初看色泽，以为是牛皮般的老韧，入口时才知，依旧是那最自然的醇香美味。盛夏阿勒泰的街头巷尾，烤制乔尔泰不仅成为男女老少皆爱食之的餐桌珍品，也让"品罢乔尔泰不思鱼"的情怀更加深入人心。

无论何种做法，都是一次味蕾的旅行。如果说世界上有一种共性的文化，那便是美食文化了。"美食无国界"，美味本身就是一种享受，像极了当下的慢时光，不用匆匆地咀嚼，也无需急急地吞咽，慵懒地置于口中，全凭一股舌尖上的温度，让既有清淡鲜甜之"南"味，又有厚重咸辣之"北"味的鱼肉之鲜在口中缓缓留存。

冰海之皇

三文鱼

它，是来自海洋深处的问候。当芥末的清辣与之相遇，宛如一阵爽朗的海风，唤醒人们沉睡的味蕾。

新疆伊犁尼勒克县，出产一种新疆地产的三文鱼，几年前，它们的先辈从遥远的地方漂洋过海而来，最终在天山脚下的喀什河安家落户。

喀什河，是伊犁河的第二大支流，源自天山山脉的冰川活水，造就了三文鱼生长的绝佳水域环境。

牧民叶尔兰现在的身份是三文鱼养殖场的一名潜水员。

为了让日子过得更好，越来越多的牧民从马背上走下来，成为三文鱼养殖场的工人。

周末，叶尔兰回到家中，他今天要给家人做一道三文鱼生鱼片。

切成片的鱼肉，蘸上酱油和芥末调制的蘸料，能最大限度地激发鱼肉的鲜美口感。

生鱼片又称"鱼生"，凡是新鲜的鱼贝类切片可蘸调味料食用的皆可称为生鱼片，但在所有可以制作生鱼片的食材之中，三文鱼是最适合的。

切成片的鱼肉，蘸上酱油和芥末调制的蘸料，能最大限度地激发鱼肉的鲜美口感。

一家人围坐在一起，在欢声笑语中分享这道特别的美味。

酒店中价值不菲的生鱼片，配在几道普通的家常菜里，让生鱼片有了质朴的烟火气。

相比于食材的难得，家宴里的温情尤显珍贵。

三文鱼，又被冠以大马哈鱼、鲑鱼、撒蒙鱼等有意思的名字。事实上，三文鱼并不是一种鱼的名称，而是一类鱼的总称。三文鱼的品种可达 100 多种，最常见的要属三文鳟和金鳟两种鳟鱼，以及太平洋鲑、大西洋鲑、北极白点鲑、银鲑四种鲑鱼。三文鱼一词来自英文的音译，指跳跃之意。三文鱼是闻名世界的美味佳肴，被人们誉为"冰海之皇"，深受人们的追捧和喜爱。

三文鱼的起源地是位于北欧的挪威。相传，挪威人在肉食供应短缺的时候，用三文鱼替代那些油汁淋漓的肉排；结果发现三文鱼使得人们的身体状况日益良好。从此，三文鱼开始受到挪威人的重视，并逐渐成为挪威人最主要的肉食。如今，这个不大的国家在三文鱼的出口量上占到了全球的 53%。

有些国家把三文鱼作为主要食物。特别是在漫长而又寒冷的冬季里，人们靠着储存的三文鱼干和熏鱼得以度过漫漫长冬。人们偏爱三文鱼，一是因为海水的污染较少，食用三文鱼较为安全健康；二是因为三文鱼肉中无小刺，方便切成块状或片状直接食用；三是因为三文鱼的味道鲜美，营养价值极高。

三文鱼是闻名世界的美味佳肴，被人们誉为「冰海之皇」，深受人们的追捧和喜爱。

三文鱼肉质坚实，富有弹性，色泽偏向于橙黄色，且肉面白色的脂肪纹路相对较粗，非常明显，在灯光下，有种油亮的光泽感，这就是三文鱼最明显的一个特征——脂肪含量相对比较高。三文鱼可划分为鱼腩、鱼背、鱼尾三个食用部位，其中鱼背和鱼尾两个部位需烹饪后食用，鱼腩则最适合制作成生鱼片。由于肉质的原因，生鱼片一般来说要切得厚一些，这样在口感上会更加饱满结实，弹性十足。

提起三文鱼，人们首先想到的就是日本。日本最著名的食物当数寿司和刺身，其中刺身更是国人所理解的日本饮食文化的代表，因为很多人吃到的第一口日式料理，就是三文鱼刺身。其实这个被打上"日料"标签的美食源于中国。

刺身，又称生鱼片，古称脍、鱼脍或鲙，是中国古代菜色中最著名的菜肴之一，也是宫廷中常见的美食，同时也是百姓的日常菜肴。中国早在周朝就已经有吃生鱼片的记载了，最早可追溯至周宣王五年（公元前823年）出土的青铜器"兮甲盘"的铭文记载。大将尹吉甫私宴张仲及其他友人，主菜就是烧甲鱼加生鲤鱼片。《诗经·小雅·六月》记载："饮御诸友，炰鳖脍鲤。"《礼记》则记载："脍，春用葱，秋用芥。"《论语》中又对脍等食品有"不得其酱不食"的记述，不难看出，先秦时期的生鱼片是用葱和芥的酱来进行调味的。

唐代是最为盛行吃生鱼片的朝代，有不少诗词都反映了
当时的流行程度。李白的《鲁中都有小吏逢七朗以斗酒
双鱼赠余于逆旅因鲙鱼饮酒留诗而去》，于诗名中就提及
了生鱼片；王维在《洛阳女儿行》中写道："侍女金盘脍
鲤鱼"；王昌龄的《送程六》曰："青鱼雪落鲙橙齑"；白
居易有《轻肥》："脍切天池鳞"，又有《松江亭携乐观渔
宴宿》："朝盘鲙红鲤"；晚唐唐彦谦的《夏日访友》中
则有"冰鲤斫银鲙"；五代后蜀君主孟昶宠妃花蕊夫人的
《宫词》亦提到"日午殿头宣索鲙"。可见唐至五代时期，
生鱼片不但是宫廷中常见的食品，也是平民的日常菜肴，
甚至出游时也会就地取材。生鱼片正是在唐朝时期传至
日本、朝鲜半岛等地的。

生鱼片配上蘸料，方能体现美食之滋味。日本人在食用生鱼片时，吃法多种多样。主要以芥末和海鲜酱油做蘸料。芥末是一种有特殊辛辣味的调料，既杀菌，又开胃，深得人们的喜爱。生鱼片盘中还经常点缀着白萝卜丝、海草、紫苏花等，体现出人们亲近自然的饮食文化。除了蘸芥末、酱油，有的则蘸放入了柠檬汁、菊花叶的酱油汁，还有的则蘸用清酒泡红酸梅制作的汁料等。

事实上，在唐朝吃生鱼片的巅峰之后，人们吃生鱼的习俗也随着朝代的更迭以及人们饮食习惯的变化而变得不那么盛行了。如今，在我国北方一些村落，以及南方某些地区仍保留着吃生鱼的传统习俗，但已经不是主要饮食的组成部分，因此也就很少有人把生鱼片和中国菜联系在一起了。

在世界各地，生鱼片多以三文鱼为主。究其原因，皆因三文鱼被冠有"冰海之皇"的美誉。对于这个至尊的头衔，它也绝对名副其实。三文鱼体内富含抗氧化物质的虾青素，而虾青素惧怕高温，生吃才能最大程度上保证不被破坏。三文鱼体内的不饱和脂肪酸也是可以直接被人体所吸收的，且人体吸收后能有效帮助皮肤保持年轻态和水润度。同时，三文鱼中也含有大量对人体机能起重要作用的钙、磷、铁、锰、锌、镁、铜等矿物质，还有被誉为"大脑保护神"的 DHA 等。因此，与其他鱼类相比，三文鱼自然具有成为主流食物的先天优势条件。

得天独厚的地理条件也造就了冰冷、清澈、无污染的绝佳水域环境。

在新疆，只有一个地方盛产三文鱼，那便是贯穿伊犁尼勒克县全境的喀什河。喀什河自东向西流至伊宁县墩麻扎镇附近，与巩乃斯河汇合，全长 300 多千米。

在这片独特的水域中，群山竞美、万壑争妍。冰川之下，雪谷之中，得天独厚的地理条件也造就了冰冷、清澈、无污染的绝佳水域环境。三文鱼对水质、温度都有着苛刻的要求，这片水域便成为它们生长和繁衍的绝佳乐土。

一方水土，一方滋味。居住在尼勒克县喀什河周围的人们也在不断探索着三文鱼全新的料理方式：鱼头熬汤，味道鲜美怡人；鱼骨香煎，美味升级；鱼尾可煮火锅，香嫩入味。当地人还盛行用鸡蛋和乳酪来搭配三文鱼，其做法借鉴于西式料理。将油烧热，鸡蛋打入锅中，撒入乳酪搅拌，再将三文鱼鱼块放入，快速翻炒几下即可出锅装盘。金黄的鸡蛋搭配着鲜嫩的三文鱼，混合着乳酪的香气扑面而来，尝上一口，爽口醇厚。

当然，三文鱼刺身依然是最受当地人喜爱的美食，在餐馆及家宴中也最为常见。鱼腩是三文鱼脂肪最丰富的地方，犀利的刀工可以完整地保留下皮肉之间的银色白膜。咀嚼之中，鱼腩缠绵的韧劲与膜下所蕴含的肉脂似清泉一般甘滑软香，也如同一场不期而遇的邂逅，令味蕾沐浴在这一意外的惊喜中。配着海鲜酱油和芥末混合的酱汁，那完美的口感，令人无法拒绝。

当夜色暮蓝，月色如酒，家人围坐，亲友相伴。一幅美食长卷在面前缓缓展开，干冰烟雾氤氲着诗情画境。从温润晶莹的雪花纹理，到舌尖味蕾的冰鲜惊艳，来自海洋深处的问候温柔了餐桌上的时光。炫美的刺身、焦香的火炙、葱郁的煎烤、淡雅的清炒……"冰海之皇"三文鱼的各种风情任舌尖惬意品尝，于这山水之间，于这温暖的家宴。

铁甲将军

螃蟹

它，被坚硬的外衣所包裹，内里却肥美而弹韧。清蒸，找到了它最佳美味的烹调方式。入口一瞬的『喀嚓』之间，鲜甜与清爽层叠交融，那是美味与快乐的双重诱惑。

博斯腾湖的另一边，天还未亮。

蟹农们乘着夜色出发，来到了湖边的芦苇丛中。水下隐藏的"地笼"里，肥美的蟹已经无处可逃。

博斯腾湖是我国最大的内陆淡水湖，湖区有成片的芦苇，水草丰美，非常适合螃蟹生长。

博湖县天山虎蟹养殖基地每年出产的螃蟹超过 20 吨，已经远销上海、浙江、北京等地。

中秋将近，吃蟹是传统。

荣火旺是博斯腾湖边一家野生鱼庄的厨师，他喜欢烹制一种香辣蟹。将清理干净的螃蟹，与大铁锅中煸香的辣椒、花椒一同翻炒入味，然后加水焖煮。这样烹制出来的螃蟹色泽诱人，外壳裹着香浓的汤汁，壳里都是鲜美的蟹肉，让人垂涎三尺。

在新疆，不是只有博斯腾湖才出产螃蟹，在400多千米外的乌鲁木齐米东区，还出产一种稻香蟹。

米东区，素有"乌鲁木齐小江南"之称，盛产水稻，这里的大米，有着不错的口碑。

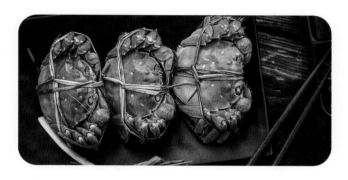

近些年来，米东区利用独特的条件，引进稻香蟹，它们会吃掉稻田里的微生物，排出的粪便成为肥料，滋养水稻，这种稻蟹共养的生态系统，不仅让水稻能更好地生长，也给农户们带来了额外的收获。

王则花在乌鲁木齐米东区种了十几年水稻。

此时，晚稻即将成熟，饱满的稻穗在秋风里摇曳，预示着即将到来的丰收季，而稻田里的螃蟹也到了可以上市的时候。

稻香蟹肥，让王则花十分欣慰。

她决定用一顿丰盛的蟹宴，犒劳干活的工人。

美味留在舌尖，幸福的滋味，则沉入心间。

菊黄蟹肥，蟹秋之季，是食蟹者的"春天"。蟹是中国人公认的美味，有湖蟹、河蟹、江蟹、溪蟹、沟蟹、海蟹之分，每一种蟹又因地域、形状、味道再分出很多品种。据不完全统计，蟹的种类有 600 余种，而其中比较常见的有花蟹、梭子蟹、红蟹、面包蟹、青蟹、帝王蟹、大闸蟹等数十种。

国人食蟹的历史源远流长，在距今 5000—3700 年前的太湖流域良渚文化、6000—5300 年前的上海地区崧泽文化遗址里都发现了大量的蟹壳。数千年的光阴流转，人们也通过蟹衍生出了一系列关于绘画、文学、饮食的文化。在绘画史上，有唐伯虎的《醉蟹图》、齐白石的《蟹》、韩冬生的《菊花双蟹》、王憨山的《鱼游虾戏蟹亦欢》等。众多艺术大家用国画的形式，把螃蟹的形态描绘得栩栩如生。罗聘的《贩蟹图》则把蟹市的场景展现在人们眼前，会意水墨画创始人王广然先生更钟情于画蟹，他的《秋丰蟹肥》《福寿图》《五蟹图》等作品都把蟹的憨厚可爱之态用笔墨表现得淋漓尽致。

唐宋时期，文风大盛赏菊食蟹、浅酌低吟成为文人墨客之乐事。

在文学作品中，最早记载见于两千多年前的《周礼》。在《周礼·天宫·庖人》饮食篇目中，用"青州之蟹胥"来描述周天子的饮食，"蟹胥"就是蟹酱，据说周天子吃的是用一种海蟹（梭子蟹）制作的蟹酱。

后汉开国皇帝刘知远幼子刘承勋因酷爱蟹黄而闻名，甚至得了个"黄大"的俗誉。每每吃蟹时，刘承勋只挑饱满的蟹，掰开只吃其中的蟹黄。身边的人非常好奇，便含蓄地问他："蟹黄滋味几何？"刘承勋毫不犹豫地说："十万蟹螯，不抵一壳蟹黄。"听了这句话的人好奇蟹黄的滋味，也尝了尝蟹黄，发现果然非常好吃。当人们发现蟹黄之美后，便一发不可收拾，从而掀起了一股"蟹黄热"。

唐宋时期，文风大盛，赏菊食蟹、浅酌低吟成为了文人墨客之乐事。宋仁宗、欧阳修、苏轼等人都嗜好吃蟹，腌制螃蟹也开始流行，这就是"醉蟹"的前身。同时，也出现了傅肱的《蟹谱》、高似孙的《蟹略》等专门研究螃蟹的书。《蟹略》就从螃蟹的来历、相貌、产地一直说到吃蟹的工具，蟹的品种、味道，包括蟹的做法乃至有关的诗赋传说，可以说是一本关于螃蟹的百科全书。孟元老的《东京梦华录》描写了北宋都城开封每天早上都有人摆摊卖蟹，生意红红火火，买家络绎不绝。

这样明朝螃蟹的吃法开始返璞归真，"蒸"成为主流烹制方法，能够更好地保存螃蟹本身的鲜味。据明代美食指南《考吃》记载，明代的能工巧匠专门创制出一整套精巧的食蟹工具，有锤、镦、钳、铲、匙、叉、刮、针八种，故称之为"蟹八件"。在明清时期的苏、浙、沪一带很是风行。大文豪李渔就是狂热的螃蟹爱好者，家中49个大缸全部是螃蟹，一顿能吃20多个。李渔在他的《闲情偶寄》卷十二有一段专谈蟹。他说世间一切好吃的东西都能用文字形容，唯独螃蟹，心里喜欢，嘴里享受，可是它的美味无法形之于语言文字。他说吃蟹必须自己动手，一边剥，一边吃，要是别人越俎代庖，就味同嚼蜡了。清朝时期，螃蟹的吃法被进一步开发。袁枚的《随园食单》里，已经出现盐水煮蟹、螃蟹羹、炒蟹粉、南瓜肉拌蟹，乃至剥壳加鸡蛋的蒸蟹等五花八门的吃法。

而若要说起第一个吃螃蟹的人，从目前具有完整故事的文献来看，应该是大禹治水时代的巴解。大禹在治水期间委派巴解督工，疏通河道，开渠排水。辛劳十余载，露出大片耕地，农民们都种上了庄稼。可是随着水域的缩小，陆地的扩大，原本生活在水中的大批"八脚大

虫"纷纷在农田里肆意横行，破坏庄稼，还经常用螯伤人。巴解终于想出了一个办法，捕食大虫，以济灾民。谁知却意外发现"八脚大虫"不仅肉质肥嫩，而且口味鲜美，巴解遂将此虫变害为宝，使之成为美味佳肴。后来为了纪念这位治水有功的英雄，就在阳澄湖东北角巴解第一次吃"八脚大虫"的地方筑城，取名"巴城"。同时用他名字中的"解"字，让原来无名的"八脚大虫"的"虫"字镇伏在下方，取名为"蟹"。

螃蟹，从古至今也和时间节律密切相关。俗语说："蟹多少，看水草。菊花黄，蟹肉壮""蟹肥深秋过重阳""蟹立冬，影无踪"……这意味着螃蟹是一种时令性很强的食物。秋季的螃蟹最为肥壮、内里鲜美，而过了立冬节气，蟹影难觅，基本上就无蟹可吃了。当然，随着如今生活水平的提高和科技水平的不断进步，几乎一年四季都可以吃到蟹。

民间自有"螃蟹上席百味淡""一盘蟹顶一桌菜"的说法，人们爱蟹、食蟹、咏蟹，亦将螃蟹的吃法不断延伸创新。从蟹羹到蟹煲，从蟹汤到蟹粥……各个地区也都根据当地人的口味，创作出了蟹的百味盛宴：山东人的餐桌上多了一道清蒸海蟹；宁波人把白蟹下油锅，和年糕一起炒；扬州人把大闸蟹物尽其用，蟹粉汤包应运而生；上海人还是喜欢醉蟹，原汁原味；福建泉州人在青蟹米糕中寻找乡愁……而在新疆，也有一份独属于新疆人的螃蟹情怀。

也许在大众的认知中，螃蟹多产于江南水乡，实则不然，新疆也盛产螃蟹。

每年中秋时节，博斯腾湖的公蟹蟹膏肥美满溢，母蟹蟹黄鲜香饱满，就连小钳子里满满的蟹肉都隐藏着丰收的喜悦。

在乌鲁木齐米东区在稻田中养蟹，成为新疆农耕文化的一种升华体现。为了能让稻香蟹有一个良好的生长环境，稻田里采取人工除草的方式，不使用农药化肥，并采用太阳能除虫灯除虫。在蟹苗投放后，蟹能觅食水稻田间的害虫和虫卵，促进水稻生长，形成健康绿色的循环生物链。如今，稻香蟹肥，人们的生活也变得更加有滋有味。

时至今日，在新疆人家，吃蟹俨然成为一种常态，一种流行，一种专属于秋天的仪式。凡有蟹之日，大多都会呼朋唤友。在白瓷碟儿中倒上深褐色的香醋，用筷子拨些嫩黄的姜末，闻着厨房飘来的鲜香，等着揭开蒸笼，端上一桌饱满透红的螃蟹。

蟹多少，看水草。菊花黄，蟹肉壮。
蟹肥深秋过重阳，蟹立冬，影无踪。

最为奇妙的是，青灰色的螃蟹为何在蒸熟之后会变成橘红色？古人曾以惊异的目光审视，不解其中的奥秘。其实，蟹甲壳中的真皮层含有红、黄、蓝、青四种色素细胞。平时，这些色素混合在甲壳中，呈暗灰色。而真皮层中的红色素，又名虾红色素，属于类胡萝卜素的一种。将其入锅加热到100℃时，其他色素会被分解消失，唯独类胡萝卜素不遭破坏，从而使熟蟹呈现出鲜艳的橘红色。由于这种类胡萝卜素在蟹头、胸、足部聚集较多，腹部极少，所以"蟹红肚白"也是大家熟悉的一种物象。

食蟹的过程，也是探索口感的过程。掰开蟹壳，轻嘬一口，鲜香瞬间在口腔中散开。花上两个小时去慢慢拆解、细细品尝，每个部位都有独特的风味。人们常说蟹有鲜贝、甲鱼、鱼肉、仙丹"四味"，鲜贝之味在肚脐，甲鱼之味在蟹脚，鱼肉之味在蟹身，仙丹之味在蟹黄、蟹膏。吸吮黄膏，细嚼蟹肉，满口醇香滑过齿喉，仿佛一口便吞下了整个金秋。诚如梁实秋先生所言："斟一壶小酒，啖三二肥蟹，闻满庭菊香，人生之乐莫过于此。"于是，从田野到餐桌，蟹的美就都融化在这浓浓的人间情意之中了。

上善若水，水容自然。

水中出产的丰饶之物，既合于口腹之欲，也让我们懂得陪伴的意义。这是我们绕不开、逃不掉、终将面对的人生经历。

柴米油盐不仅能调出生活的味道，也能调出有味道的生活。高白鲑、乔尔泰、草鱼、螃蟹、三文鱼……

这些生长于水中、浑然天成的高级美味原料，只需借助食材原本的特质与生鲜，利用轻简的烹饪技术就能拥有巧夺天工之神韵，将每一道菜品都雕饰成舌尖上的艺术品。